渗流力学基础实验指导书

SHENLIU LIXUE JICHU SHIYAN ZHIDAOSHU

潘琳　王娬　周红　蔡忠贤　朱芳冰　编

中国地质大学出版社
ZHONGGUO DIZHI DAXUE CHUBANSHE

图书在版编目(CIP)数据

渗流力学基础实验指导书/潘琳等编. —武汉:中国地质大学出版社,2018.12
ISBN 978-7-5625-4455-5

Ⅰ.①渗…
Ⅱ.①潘…
Ⅲ.①渗流力学-实验-高等学校-教学参考资料
Ⅳ.①O357.3-33

中国版本图书馆 CIP 数据核字(2018)第 278334 号

渗流力学基础实验指导书			潘 琳 等编
责任编辑:彭钰会 赵颖弘		策划编辑:赵颖弘	责任校对:徐蕾蕾
出版发行:中国地质大学出版社(武汉市洪山区鲁磨路 388 号)			邮政编码:430074
电 话:(027)67883511		传真:67883580	E-mail:cbb@cug.edu.cn
经 销:全国新华书店			http://cugp.cug.edu.cn
开本:787 毫米×1 092 毫米 1/16		字数:110 千字	印张:4.25
版次:2018 年 12 月第 1 版		印次:2018 年 12 月第 1 次印刷	
印刷:荆州鸿盛印务有限公司		印数:1—300 册	
ISBN 978-7-5625-4455-5			定价:15.00 元

如有印装质量问题请与印刷厂联系调换

前 言

"渗流力学基础"是研究流体在多孔介质中的运动形态和运动规律的学科,是石油工程的专业基础课。为配合"渗流力学基础"的教学,编者按照教学大纲的要求,参考相关的教材及讲义,编写了《渗流力学基础实验指导书》。

本指导书中的实验是"渗流力学基础"课程的重要实践环节,适用于资源勘查工程、石油工程等专业的本科生教学。全书安排了10个代表性实验,其中实验一至实验五为流体力学基础实验,通过实验可以巩固学生流体力学基础理论知识,熟悉实验室仪器设备和基本操作方法,培养学生的动手能力;实验六至实验十结合了油气田开发中渗流问题的模拟实验,内容涵盖基本的直线渗流到综合性的二相流、井间干扰等,通过实验可以加深对油藏工程中的渗流力学相关问题的理解,掌握生产压差、流量、储层物性的计算原理,了解油气田开发的基本手段和方法。

所有人员在实验课上必须严格遵守实验室安全制度和教学秩序,严防事故发生,保证人员和实验室的安全;爱护实验设备,严格遵守仪器设备的操作规程,详细记录实验数据和结果,认真完成实验报告。实验完毕后应整理仪器,检查水电,清理实验场地。

本书由潘琳、王娆、周红、蔡忠贤和朱芳冰老师结合多年的教学实践编写而成。在编写过程中,得到了中国地质大学(武汉)资源学院各方面的全力支持,资源学院石油工程系的同事们提供了很多宝贵建议及有用素材,在此一并表示最衷心的感谢!

由于时间仓促,编者水平有限,书中难免有不妥之处,敬请读者提出批评及建议,以便今后改进。

编 者

2018 年 8 月

实验室安全制度

1. 实验室内应保持安静,不得大声喧哗和谈笑。在实验室内,应把长发或宽松衣服束起,切勿穿着拖鞋、凉鞋或过度暴露肢体和皮肤的衣服进入实验室。

2. 保持实验室卫生整洁,实验结束时,应清理好各种器材、工具、材料,按照相应仪器操作规程做好善后工作,要切实做到断电、断水、关闭门窗。离开实验室须带走所有个人物品,包括试剂、样品及其他私人物品等。楼梯间及走廊切勿存放物品,严禁阻塞通道、严禁阻碍紧急用具的取用、严禁阻塞水电等。

3. 实验室内一切设备在使用时要细心谨慎,任何设备、仪表和电器,在未熟悉其使用方法前不得使用。实验室内一切仪器设备未经允许不得拆开,不准携带至室外。实验室内任何用电设备和电源不准随意触摸,以防触电危险。未经指导教师同意,任何线路不可接通电源。操作电源开关时,不可两手同时操作,要避免面对开关。

4. 在实验过程中发生小范围起火时,立即用湿抹布扑灭明火,并及时切断电源,关闭可燃性气体阀门。对范围较大的火情立即用消防砂或干粉灭火机扑救,并及时报警。电线及电器设备起火时,必须先切断电源,再用干粉灭火机灭火,并及时通知有关部门。绝不能用水或泡沫灭火机来扑灭燃烧的电线与电器,以免因水或灭火机喷出的药液导电而造成灭火人员的触电事故。化学试剂的着火,除一般非危险品可用通常的灭火方法外,属于危险品的火灾,应根据它们的理化特性,采取不同的灭火方法,否则起不到灭火的作用,反而会造成更大的火灾或人身事故。如在实验过程中,实验人员的衣装着火时,应立即用浸水的物品蒙在着火者身上,使之不能与空气或其他氧化剂接触而窒息灭火。切不可慌忙跑动,使火情增大,造成更大伤害。

5.搬运、使用腐蚀性物品要穿戴好个人防护用品。若不慎将酸或碱溅到衣服或皮肤上,应用大量清水冲洗。如溅到眼睛里,应立即用清水冲洗后就医,以免损伤视力。腐蚀性物品存放时,注意其容器的密封性。酸性和碱性物质严禁混放,应分类隔离贮存。使用腐蚀性物品时,要细心谨慎,严格按照操作规程,在通风柜内进行。使用完毕,立即盖好容器。谨防试剂溅出灼伤皮肤,损坏仪器设备和衣物等。酸、碱废液必须经过处理后方可排放,不能直接倒入下水道。

6.在实验过程中,尽量采用无毒或低毒物质代替剧毒物质。在必须使用有毒物品时应事先了解其性质,做到安全使用。进行有毒气体产生的实验时,应在通风柜内操作,并尽可能密闭化。学生实验产生有害气体时,实验室内要进行良好的局部排风和全面排风。

7.实验室应根据本制度要求,在教学中随时检查、督促。对安全制度执行较好的个人给予表扬和奖励。对不负责任或不遵守操作规程而造成事故的,应根据情节轻重及本人对错误的认识程度,给予批评和处分,甚至停止其进入实验室。情节特别严重的,责令其赔偿损失,或追究法律责任。

目 录

实验一 流量计的使用和流量标定 ·· (1)
 一、实验意义 ·· (1)
 二、实验安全说明 ··· (1)
 三、实验目的和要求 ··· (1)
 四、实验原理 ·· (1)
 五、实验装置及材料 ··· (2)
 六、实验内容及步骤 ··· (2)
 七、实验数据记录和计算结果 ·· (4)
 八、注意事项 ·· (4)
 九、分析思考题 ··· (4)

实验二 不可压缩流体恒定流能量方程实验 ··································· (6)
 一、实验意义 ·· (6)
 二、实验安全说明 ··· (6)
 三、实验目的和要求 ··· (6)
 四、实验原理 ·· (6)
 五、实验装置及材料 ··· (7)
 六、实验内容及步骤 ··· (8)
 七、实验数据记录和计算结果 ·· (8)
 八、实验结果分析 ··· (9)
 九、分析思考题 ·· (10)

实验三 雷诺实验和雷诺数计算 ··· (11)
 一、实验意义 ··· (11)
 二、实验安全说明 ··· (11)
 三、实验目的和要求 ·· (11)

四、实验原理 …………………………………………………………………………… (11)

　　五、实验装置及材料 …………………………………………………………………… (12)

　　六、实验内容及步骤 …………………………………………………………………… (13)

　　七、实验数据记录和计算结果 ………………………………………………………… (13)

　　八、分析思考题 ………………………………………………………………………… (14)

实验四　沿程水头损失和沿程摩阻系数测定 …………………………………………… (15)

　　一、实验意义 …………………………………………………………………………… (15)

　　二、实验安全说明 ……………………………………………………………………… (15)

　　三、实验目的和要求 …………………………………………………………………… (15)

　　四、实验原理 …………………………………………………………………………… (15)

　　五、实验装置及材料 …………………………………………………………………… (16)

　　六、实验内容及步骤 …………………………………………………………………… (17)

　　七、实验数据记录和计算结果 ………………………………………………………… (18)

　　八、实验结果分析 ……………………………………………………………………… (19)

　　九、分析思考题 ………………………………………………………………………… (20)

实验五　局部水头损失和局部阻力系数测定 …………………………………………… (21)

　　一、实验意义 …………………………………………………………………………… (21)

　　二、实验安全说明 ……………………………………………………………………… (21)

　　三、实验目的和要求 …………………………………………………………………… (21)

　　四、实验原理 …………………………………………………………………………… (21)

　　五、实验装置及材料 …………………………………………………………………… (23)

　　六、实验内容及步骤 …………………………………………………………………… (23)

　　七、实验数据记录和计算结果 ………………………………………………………… (25)

　　八、注意事项 …………………………………………………………………………… (26)

　　九、分析思考题 ………………………………………………………………………… (26)

实验六　不可压缩流体单向稳定渗流实验 ……………………………………………… (28)

　　一、实验意义 …………………………………………………………………………… (28)

　　二、实验安全说明 ……………………………………………………………………… (28)

　　三、实验目的和要求 …………………………………………………………………… (28)

　　四、实验原理 …………………………………………………………………………… (28)

五、实验装置及材料 …………………………………………………………………… (30)

　　六、实验内容及步骤 …………………………………………………………………… (31)

　　七、实验数据记录和计算结果 ………………………………………………………… (31)

　　八、实验结果分析 ……………………………………………………………………… (32)

　　九、分析思考题 ………………………………………………………………………… (33)

实验七　不可压缩流体平面径向稳定渗流实验 …………………………………………… (34)

　　一、实验意义 …………………………………………………………………………… (34)

　　二、实验安全说明 ……………………………………………………………………… (34)

　　三、实验目的和要求 …………………………………………………………………… (34)

　　四、实验原理 …………………………………………………………………………… (34)

　　五、实验装置及材料 …………………………………………………………………… (36)

　　六、实验内容及步骤 …………………………………………………………………… (36)

　　七、实验数据记录和计算结果 ………………………………………………………… (38)

　　八、实验结果分析 ……………………………………………………………………… (39)

　　九、分析思考题 ………………………………………………………………………… (40)

实验八　井间干扰模拟实验 ………………………………………………………………… (41)

　　一、实验意义 …………………………………………………………………………… (41)

　　二、实验安全说明 ……………………………………………………………………… (41)

　　三、实验目的和要求 …………………………………………………………………… (41)

　　四、实验原理 …………………………………………………………………………… (41)

　　五、实验装置及材料 …………………………………………………………………… (44)

　　六、实验内容及步骤 …………………………………………………………………… (46)

　　七、实验数据记录和计算结果 ………………………………………………………… (46)

　　八、实验结果分析 ……………………………………………………………………… (47)

　　九、注意事项 …………………………………………………………………………… (48)

　　十、分析思考题 ………………………………………………………………………… (48)

实验九　原油驱替地层水实验 ……………………………………………………………… (49)

　　一、实验意义 …………………………………………………………………………… (49)

　　二、实验安全说明 ……………………………………………………………………… (49)

　　三、实验目的和要求 …………………………………………………………………… (49)

四、实验原理 ……………………………………………………………… (49)

五、实验装置及材料 ……………………………………………………… (50)

六、实验内容及步骤 ……………………………………………………… (51)

七、实验数据记录和计算结果 …………………………………………… (52)

八、实验结果分析 ………………………………………………………… (53)

九、注意事项 ……………………………………………………………… (53)

十、分析思考题 …………………………………………………………… (53)

实验十　注水开发模拟实验 ………………………………………………… (54)

一、实验意义 ……………………………………………………………… (54)

二、实验安全说明 ………………………………………………………… (54)

三、实验目的和要求 ……………………………………………………… (54)

四、实验原理 ……………………………………………………………… (54)

五、实验装置及材料 ……………………………………………………… (55)

六、实验内容及步骤 ……………………………………………………… (56)

七、实验数据记录和计算结果 …………………………………………… (56)

八、实验结果分析 ………………………………………………………… (57)

九、注意事项 ……………………………………………………………… (57)

十、分析思考题 …………………………………………………………… (57)

参考文献 ……………………………………………………………………… (58)

实验一　流量计的使用和流量标定

一、实验意义

流量计量广泛应用于工农业生产、国防建设、科学研究对外贸易以及人民生活各个领域之中。在石油工业生产中,从石油的开采、运输、炼冶加工直至贸易销售,流量计量贯穿于全过程中。在流体力学和渗流力学实验中,流量计量是最基本也是最重要的实验数据之一。本实验以常用流量计的使用和流量标定为内容,掌握本实验的内容是渗流力学实验课程的基本要求,可为后续实验提供支撑。

二、实验安全说明

本实验涉及的安全事项有:
(1)实验仪器主体为玻璃材质,切勿碰撞,以免刺伤或漏出液体。
(2)实验材料为水,须注意用水安全,合理调节流量,结束后关紧。
(3)实验进液需启动水泵,须注意用电安全,实验结束须及时关闭水泵。

三、实验目的和要求

本实验的目的和要求为:
(1)掌握流量控制和标定的一般实验方法。
(2)应用体积法,使用孔板流量计、文丘里流量计测量流量。
(3)了解倒 U 型压差计的使用方法。

四、实验原理

流体流过孔板流量计或文丘里流量计时,都会产生一定的压差,这个压差与流体流过的流速存在着一定的关系。使用孔板流量计或文丘里流量计进行流量控制和标定时,流体在实验管内的流量 Q 可用体积法测量:

$$Q = \frac{\Delta V}{t} \tag{1-1}$$

式中:ΔV——流入体积与流出体积的差值,即量筒内体积的增加值;
$\quad t$——计量时间。

测出与 Q 相对应的孔板流量计(或文丘里流量计)的压差读数 Δh,即可在直角坐标纸上标绘出对应流量计的 $Q-\Delta h$ 标定曲线,其中 Δh 为横坐标,Q 为纵坐标,该线的斜率即为流量标定系数。

五、实验装置及材料

1. 实验装置图(图1-1)

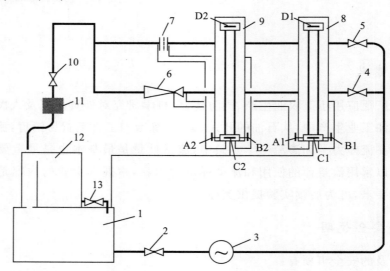

图1-1 流量计性能测试实验装置流程示意图

1.水箱;2.切断阀;3.管道泵;4、5.切换阀;6.文丘里流量计;7.孔板流量计;8、9.倒U型管压差计;10.流量调节阀;11.流向转换器;12.计量筒;13.放水阀;A1、B1、A2、B2.倒U型管切断阀;C1、C2.倒U型管平衡阀;D1、D2.倒U型管排气阀

2. 实验装置说明

如图1-1所示,水从水箱1由管道泵3输送至管路,分别流经文丘里流量计6、孔板流量计7所在测试管路和流量调节阀10后,通过流向转换器11到达计量筒12进行计量,然后返回水箱,循环使用。实验测试管路有两段并联的水平管组成,自上而下分别用于孔板流量计和文丘里流量计的性能测试。在每段测试管路的进口上,分别装有切换阀,用于选择不同的实验测试内容。

管路内流量由计量筒12和秒表配合进行测量,并由出口流量调节阀11调节流量,流体流过孔板流量计和文丘里流量计的压差可分别用与各流量计相连的倒U型管压差计9和8测量,流体的温度可用温度计直接测量。

3. 实验材料

流体:自来水。

六、实验内容及步骤

首先打开实验装置主管道上所有阀门(阀2、阀4、阀5和阀10),全关倒U型压差计上的阀门,将流向转换器的出口转向排水侧,开启管道泵。

1. 文丘里流量计标定

(1)打开阀 4,关闭阀 5、阀 10,打开与文丘里流量计相连的倒 U 型压差计 8 上的阀门 A1、B1 和 D1,对倒 U 型压差计 8 进行排气操作。

(2)缓慢打开流量调节阀 10,倒 U 型压差计 8 的压差读数同步增大,当压差计的读数接近 65~70 cm 时,关闭流量调节阀 10。

(3)关闭阀 13,记下计量筒 12 内水位的初始读数,并将秒表清零,在将流向转换器 12 的出口转向计量筒,同时按下秒表开始记时,当计量筒内的水位高为离顶部约 5cm 时,迅速将流向转换器的出口移开计量筒,同时按下秒表停止记时,读取秒表上的测量时间,待计量筒内水位稳定后(一般要求波动小于 0.1cm),读取计量筒内水位的终了数值,随后打开阀 13,将计量筒内的水放完,在计量筒放水的同时,双手同时关闭倒 U 型压差计 8 上阀的 A1、B1,读取倒 U 型压差计上数值,当计量筒内的水放到合适的高度(桶内一般留 1cm 左右高度的水位)时,关闭阀 13。测量记录该段时间内平均水温。

(4)重复步骤(2)、(3),调节流量,观测记录不同流量下的计量的液体体积、时间、流量计读数。共得到不少于 5 组实验数据。

2. 孔板流量计标定

(1)开启管道泵约 5min 后,关闭阀 4、阀 10,打开与孔板流量计相连的倒 U 型压差计 9 上的阀门 A2、B2 和 D2,对倒 U 型压差计 9 进行排气操作。

(2)缓慢打开流量调节阀 10,倒 U 型压差计 9 的压差读数也同步增大,当压差计的读数接近 65~70cm 时,关闭流量调节阀 10。

(3)关闭阀 13,记下计量筒 12 内水位的初始读数,并将秒表清零,在将流向转换器 12 的出口转向计量筒的计量侧,同时按下秒表开始记时,当计量筒内的水位高为离顶部约 5cm 时,迅速将流向转换器的出口移开计量筒,同时按下秒表停止记时,读取秒表上的测量时间,待计量筒内水位稳定后(一般要求波动小于 0.1cm),读取计量筒内水位的终了数值,随后打开阀 13,将计量筒内的水放完,在计量筒放水的同时,双手同时关闭倒 U 型压差计 9 上阀的 A2、B2,读取倒 U 型压差计上数值,当计量筒内的水放到合适的高度(桶内一般留 1cm 左右高度的水位)时,关闭阀 13。测量记录该段时间内平均水温。

(4)重复步骤(2)、(3),调节流量,观测记录不同流量下的计量的液体体积、时间、流量计读数。共得到不少于 5 组实验数据。

七、实验数据记录和计算结果

表 1-1 实验数据记录和计算结果

实验名称	流量计的使用和流量标定							
实验人员								
实验日期								
实验次数	T（℃）	ΔV（mL）	t（s）	Q（m³/s）	文丘里流量计压差(cm)	标定系数	孔板流量计压差(cm)	标定系数
1								
2								
3								
4								
5								
6								
7								
8								
9								
10								

八、注意事项

(1)每个实验项目测试前都应对倒 U 型差压计进行排气。
(2)测量压差时，C1 或 C2 阀应始终处于关闭状态。

九、分析思考题

(1)倒 U 型管压差计应如何进行排气？
(2)除了体积法，还可以用什么方法来校正流量计？
(3)根据实测数据确定坐标值，绘制实测流量与流量计读取的压力差数据交会图（图 1-2），并连线表示其变化规律，确定标定系数，分析误差产生的原因。

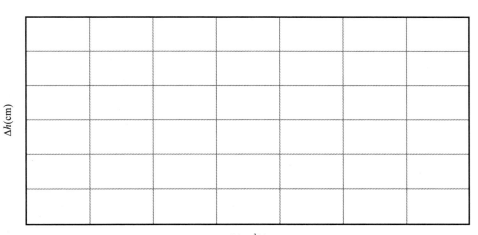

图 1-2　流量与流量计压差交会图

实验二 不可压缩流体恒定流能量方程实验

一、实验意义

不可压缩流体恒定流能量方程即伯努利方程，是在连续介质理论方程建立之前流体力学所采用的基本原理。该方程适用于黏度可以忽略、不可被压缩的理想流体，其实质是流体的机械能守恒。能量方程实验是流体力学最重要的是实验之一，通过该实验可以加深对伯努利方程的理解，验证流体流动能量方程的正确性，掌握不可压缩流体的基本计算方法。

二、实验安全说明

本实验涉及的安全事项有：
(1)实验仪器主体为玻璃材质，切勿碰撞，以免刺伤或漏出液体。
(2)实验材料为水，须注意用水安全，合理调节流量，结束后关紧。
(3)实验进液需启动水泵，须注意用电安全，实验结束须及时关闭水泵。

三、实验目的和要求

本实验的目的和要求为：
(1)验证不可压缩液体恒定总流的能量方程。
(2)通过对水动力学诸多水力现象的实验分析研讨，进一步掌握有压管流中水动力学的能量转换特性。
(3)掌握流速、流量、压强等水动力学水力要素的实验测量技能。

四、实验原理

在实验管路中沿管内水流方向取 n 个过水断面，记为 $1,2,3,\cdots,n$，可以列出进口断面至另一任意断面 $i(i=2,3,\cdots,n)$ 的能量方程为：

$$z_1 + \frac{P_1}{\gamma} + \frac{\alpha_1 v_1^2}{2g} = z_i + \frac{P_i}{\gamma} + \frac{\alpha_i v_i^2}{2g} + h_f \qquad (2-1)$$

式中：z_1、z_2——两个断面的位置；

P_1、P_2——两个断面的压力；

ρ——液体密度；

g——重力加速度;

$\gamma = \rho g$;

$\dfrac{\alpha_1 v_1^2}{2}$、$\dfrac{\alpha_2 v_2^2}{2}$——两个断面的动能;

h_f——两个断面间的沿程水头损失。

因实验为均匀流动,则:

$$v_1 = v_i = v, \alpha_1 = \alpha_i \approx 1 \quad (2-2)$$

根据流速定义:

$$v = \dfrac{Q}{A} = \dfrac{4Q}{\pi d^2} \quad (2-3)$$

式中:Q——流量;

A——管路截面积;

d——管路内径。

由式(2-2)、式(2-3)可计算得到各点动能,对应的各断面测管水头 $h = z + \dfrac{P}{\gamma}$ 值可从各断面的测压管中读出,最终即可得到总水头:

$$H = h + \dfrac{\alpha_i v_i^2}{2g} \quad (2-4)$$

五、实验装置及材料

1. 实验装置图(图2-1)

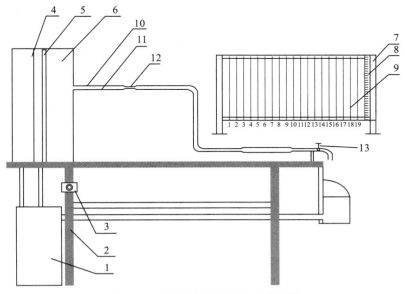

图 2-1 自循环能量方程实验装置图

1. 自循环供水器;2. 实验台;3. 无级调速器;4. 溢流板;5. 稳水孔板;6. 恒压水箱;7. 测压计;
8. 滑动测量尺;9. 测压管;10. 实验管道;11. 测压点;12. 毕托管;13. 实验流量调节阀

2. 实验装置说明

本仪器测压管有两种：

(1) 毕托管测压管(图2-1中的12)，用以测读毕托管探头对准点的总水头：

$$H' = z + \frac{P}{\gamma} + \frac{u^2}{2g}$$

式中：u——体系内平均速度。

须注意，一般情况下 H' 与断面总水头 H 不同，因一般 $u \neq v$：

$$H = z + \frac{P}{\gamma} + \frac{v^2}{2g}$$

所以毕托管上的水头线只能定性表示总水头变化趋势。

(2) 普通测压管(图2-1中的9)，用以定量量测测压管水头。

实验流量用阀13调节，流量由体积时间法（量筒、秒表另备）、重量时间法（电子称另备）或电测法测量。

3. 实验材料

流体：自来水。

六、实验内容及步骤

(1) 熟悉实验设备，区分普通测压管和毕托管测压管及两者的功能。

(2) 打开开关供水，使水箱充水，待水箱溢流，关闭调节阀，检查所有测压管水面是否齐平；如不平，则须查明故障原因（如连通管受阻、漏气或夹气泡等）并加以排除，直至调平。

(3) 打开流量调节阀，调节流量调节阀开启程度，待流量稳定后，记录各测压管液面数值，同时记录实验流量（毕托管供演示用，不必记录数值）；记录水温。

(4) 重复步骤(3)，改变流量，其中一次阀门开度应大到使19号测管液面接近标尺零点。

(5) 关闭阀门，结束实验。

七、实验数据记录和计算结果（表2-1）

表 2-1 流量为 Q_1 时实验数据记录和计算结果

实验名称	不可压缩流体恒定流能量方程实验
实验人员	
实验日期	

续表 2-1

流体密度 ρ ($\times 10^3$ kg/m³)				流体黏度 μ (mPa·s)			
实验管直径 d(m)				实验温度 T(℃)			
测压管	第一次实验流量 Q_1(m³/s)		第二次实验流量 Q_2(m³/s)		第三次实验流量 Q_3(m³/s)		
	测压管水头 h(m)	总水头 H(m)	测压管水头 h(m)	总水头 H(m)	测压管水头 h(m)	总水头 H(m)	
1							
2							
3							
4							
5							
6							
7							
8							
9							
10							
11							
12							
13							
14							
15							
16							
17							
18							
19							

八、实验结果分析

(1)根据实测数据确定纵坐标值,绘制从管路入口到出口,各测压点的测压管水头变化曲线和总水头变化曲线(图 2-2),观察分析测压管水头线和总水头线的变化趋势,以及二者的差异与动能的大小关系。

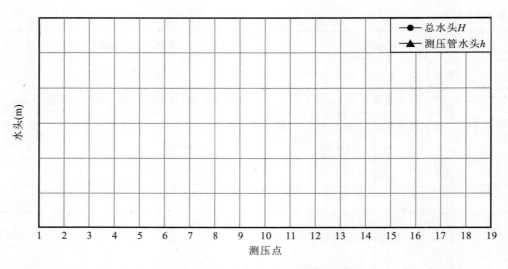

图 2-2　总水头与测压管水头变化曲线

（2）根据实测数据确定纵坐标值，绘制不同流量下测压管水头变化曲线和总水头变化曲线（图 2-3），分析当流量增加或减少时测管水头如何变化。

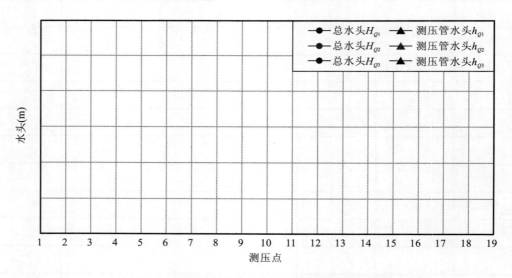

图 2-3　不同流量下总水头与测压管水头变化曲线

九、分析思考题

（1）测压板上任意两相邻测管水头是否相等？为什么？

（2）由毕托管测量显示的总水头与实测总水头一般都有差异，试分析其原因。

实验三　雷诺实验和雷诺数计算

一、实验意义

雷诺实验揭示了重要的流体流动机理,即根据流速的大小,流体有两种不同的形态。当流体流速较小时,流体质点只沿流动方向作一维的运动,与其周围的流体间无宏观的混合,即分层流动,这种流动形态称为层流或滞流。流体流速增大到某个值后,流体质点除流动方向上的流动外,还向其他方向作随机的运动,即存在流体质点的不规则脉动,这种流体形态称为紊流。雷诺数是判断这两种流态的基本参数,是流体力学最重要的是参数之一。通过雷诺实验可以直观地看到流体的流态变化,流量与流态、雷诺数与流态的对应关系,有助于加深对流态的理解,帮助掌握雷诺数的计算方法。

二、实验安全说明

本实验涉及的安全事项有:
(1)实验仪器主体为玻璃材质,切勿碰撞,以免刺伤或漏出液体。
(2)实验材料为水,须注意用水安全,合理调节流量,结束后关紧。
(3)实验进液需启动水泵,须注意用电安全,实验结束须及时关闭水泵。

三、实验目的和要求

本实验的目的和要求为:
(1)观察液体在不同流动状态时流体质点的运动规律。
(2)观察流体由层流变紊流及由紊流变层流的过渡过程。
(3)测定液体在圆管中流动时的下临界雷诺数 Re_{c2}。

四、实验原理

流体在管道中的流动有两种不同的流动状态,不同状态下阻力性质也不同。雷诺数 Re(Reynolds number)是一种可用来表征流体流动情况的无量纲数,雷诺数较小时,黏滞力对流场的影响大于惯性,流场中流速的扰动会因黏滞力而衰减,流体流动稳定,为层流;当雷诺数较大时,惯性对流场的影响大于黏滞力,流体流动较不稳定,流速的微小变化容易发展、增强,形成紊乱、不规则的紊流。层流与紊流转变点处的雷诺数即为临界雷诺数,对于同样的液流装置,由层流转换为紊流时的雷诺数恒大于紊流向层流转换的雷诺数。前者称上临界雷诺数,其值随实验条件而变,很不稳定;后者称下临界雷诺数,其值比较稳定,对于一般条件下的管流(圆管直径为特征长度,断面平均流速为特征速度),约为2300。雷诺数的计算公式为:

$$Re = \frac{vd}{\nu} \tag{3-1}$$

式中:v——平均流速;
$\quad d$——圆管内径;
$\quad \nu$——流体运动黏度,$\nu = \dfrac{\mu}{\rho}$。

根据连续方程:

$$Q = Av = \frac{\pi d^2}{4} v \tag{3-2}$$

式中:Q——流量;
$\quad A$——圆管截面积。

根据式(3-1)、式(3-2),则有:

$$Re = \frac{4Q}{\pi d \nu} \tag{3-3}$$

五、实验装置及材料

1. 实验装置图(图3-1)

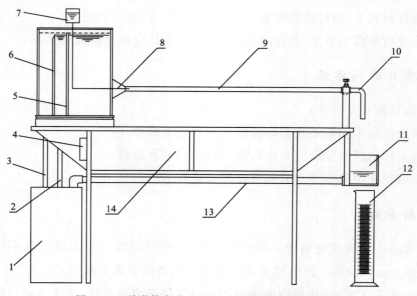

图3-1 雷诺数实验及自循环沿程摩阻实验装置图

1.水箱及潜水泵;2.上水管;3.溢流管;4.电源;5.整流栅;6.溢流板;7.墨盒;8.墨针;9.实验管;10.调节阀;11.接水箱;12.量杯;13.回水管;14.实验桌

2. 实验材料

玻璃直圆管，自来水，红墨水。

六、实验内容及步骤

(1) 准备工作：将水箱充水至经隔板溢流出，将进水阀门关小，继续向水箱供水，以保持水位高度 H 不变。

(2) 缓慢开启阀门 10，使玻璃管中水稳定流动，并开启墨盒阀门 7，使墨水以微小流速在玻璃管内流动，呈层流状态，计算雷诺数 Re。

(3) 开大出口阀门 10，使墨水在玻璃管内的流动呈紊流状态，再逐渐关小出口阀门 10，观察玻璃管中出口处的墨水，当其刚刚出现脉动状态但还没有变为层流时，测定此时的流量。重复 3 次，即可算出下临界雷诺数 Re_{c2}。每次实验同时测定记录水温。

七、实验数据记录和计算结果（表 3-1）

表 3-1 雷诺实验数据记录和计算结果

实验名称			雷诺实验和雷诺数计算					
实验人员								
实验日期								
实验管内径 d(m)		水密度 ρ ($\times 10^3$ kg/m³)		水黏度 μ (mPa·s)		运动黏度 v (m²/s)		
组别	实验[①]	T(℃)	流线形态[②]	V(mL)	t(s)	Q(m³/s)	v(m/s)	Re	Re_{c2}
1	1								
	2								
	3								
	4								
2	1								
	2								
	3								
	4								
3	1								
	2								
	3								
	4								

① 每组实验从小流速（即层流）开始，加大流速到紊流，再减小流速至恢复层流。每组可观测多个雷诺数，最终确定一个下临界雷诺数。② 流线形态：墨水线的形态，可描述为稳定直线、稳定略弯曲、直线摆动、直线抖动、断续、完全散开等。

八、分析思考题

(1)根据实测数据确定坐标值,绘制实测雷诺数与流速关系图并标记流态(图3-2),比较实测的下临界雷诺数与一般值(2300),分析差异原因。

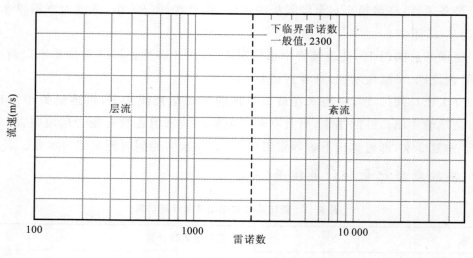

图3-2 雷诺数与流速、流态关系图

(2)对比每组实验中的上临界雷诺值与下临界雷诺值,分析差异原因。为什么上临界雷诺值在每组实验之间的变化幅度大?

(3)为什么采用无量纲的雷诺数来判断流态,而不采用流速?

实验四　沿程水头损失和沿程摩阻系数测定

一、实验意义

水头损失的计算是石油工程中一个极为重要的问题,其数值直接关系到动力设备容量的确定,从而影响着石油工程的可靠性和经济性,这一点在输油管线的设计中尤为重要。水头损失主要表现为沿程水头损失和局部水头损失,其中沿程水头损失是流体沿等直径直管流动时,因黏性摩擦引起的损失,沿程摩阻系数是决定沿程水头损失的主要参数。本实验通过观测等径直管中流量、流速、压差等数据确定沿程水头损失和沿程摩阻系数,有助于掌握沿程水头损失和沿程摩阻系数的计算方法,为选择合理的动力设备和管道参数提供基础数据。

二、实验安全说明

本实验涉及的安全事项有:
(1)实验仪器主体为玻璃材质,切勿碰撞,以免刺伤或漏出液体。
(2)实验材料为水,须注意用水安全,合理调节流量,结束后关紧。
(3)实验进液需启动水泵,须注意用电安全,实验结束须及时关闭水泵。

三、实验目的和要求

本实验的目的和要求为:
(1)掌握圆管中沿程水头损失 h_f 和沿程摩阻系数 λ 的实验测定方法。
(2)观察沿程水头损失 h_f 与平均流速 v 的关系,绘制交会图。
(3)了解不同内径实验管的沿程摩阻系数变化规律。
(4)结合雷诺实验,观察测定层流和紊流两种流态的变化过程及各流态中的沿程摩阻系数 λ。

四、实验原理

1. 沿程水头损失

当不可压缩流体在圆形导管中流动时,对导管选取任意两个横截面1、2,该组截面之间的伯努利方程为:

$$z_1 + \frac{P_1}{\gamma} + \frac{\alpha_1 v_1^2}{2g} = z_2 + \frac{P_2}{\gamma} + \frac{\alpha_2 v_2^2}{2g} + h_f \quad (4-1)$$

式中:z_1、z_2——两个截面 1、2 与基准面之间的相对高程;

P_1、P_2——截面 1、2 的压力;

$\gamma = \rho g$;

$\frac{\alpha_1 v_1^2}{2}$、$\frac{\alpha_2 v_2^2}{2}$——截面 1、2 的动能;

h_f——截面 1、2 之间的沿程水头损失。

因实验管水平,且为均匀流动,则:

$$z_1 = z_2, \; v_1 = v_2, \; \alpha_1 = \alpha_2 \approx 1$$

代入式(4-1)得:

$$h_f = \frac{P_1 - P_2}{\gamma} = \Delta h \quad (4-2)$$

即导管任意两横截面 1、2 间的沿程水头损失等于截面 1、2 间测压管水头差值。

2. 沿程摩阻系数

由达西公式:

$$h_f = \frac{\lambda L}{d} \frac{v^2}{2g} \quad (4-3)$$

式中:λ——沿程摩阻系数;

L——截面 1、2 间的导管长度;

d——导管内径;

v——平均流速。

结合式(4-2)、式(4-3)得:

$$\lambda = \frac{2gd}{Lv^2} \Delta h \quad (4-4)$$

由式(4-4)可知,已知水头差值,用体积法测得流量,并计算出断面平均流速 v,即可求得沿程摩阻系数 λ。

五、实验装置及材料

1. 实验装置

实验装置如图 3-1,实验管相距 L 长度的两个横截面上设有测压孔,可用压差板测得两截面之间的沿程损失,见图 3-1。本次实验的测量仪器有:精度为 0.01g 的电子天平,精度为 0.1s 的秒表,精度为 0.02mm 的游标卡尺。

2. 实验材料

实验管:3 组不同内径的实验管。

流体:自来水。

六、实验内容及步骤

本实验有 3 根不同内径的实验管,每根实验管对应一组实验。每组实验至少进行 6 次流量调节,获取 6 组沿程损失数据。实验前首先用游标卡尺精确测量并记录各实验管内径。测量完毕后依次选取一根实验管,连接实验管路。每组实验的准备工作和实验操作步骤如下:

1. 实验前准备工作

(1)检查水槽的水位,保持液面不低于泵吸入口;在水槽中放置温度计,随时观察记录水温。

(2)启动循环水泵,然后缓慢开启实验管的入口调节阀。当水充满实验管并溢出时,关闭入口调节阀,停泵。

(3)检查并排除实验管和连接管线中的气泡,以免得到不符合整体规律的实验数据。

(4)调节压差板中的水柱高度至标尺中间位置。

(5)重置秒表、量筒,确认水泵和入口调节阀已关闭,准备开始实验。

2. 实验步骤

(1)启动循环水泵,运行正常后调节入口阀门和出口阀门,调节流量,使压差达到测压管可测量的最大高度,稳定一段时间,记录该段时间的流出体积 V_1 和稳定时间 t_1,计算流量值 Q_1 和平均流速 v_1;记录该流量下压差板上的水头 h_1^1 和 h_1^2,计算水头差 Δh_1 即沿程损失 h_{f1};计算该流速下沿程摩阻系数 λ_1;记录该时段平均水温 T_1。

(2)调节出口阀门,适当减小流量,在新的流量稳定一段时间后,记录该段时间的流出体积 V_2 和稳定时间 t_2,计算流量值 Q_2 和平均流速 v_2;记录该流量下压差板上的水头 h_2^1 和 h_2^2,计算水头差 Δh_2 即沿程损失 h_{f2};计算该流速下沿程摩阻系数 λ_2;记录该时段平均水温 T_2。

(3)重复步骤(2)4 次,在该实验管的实验中共计得到 6 组水头差、流量及流速。

(4)停泵、关闭水阀,排空管路,结束本组实验。

七、实验数据记录和计算结果(表 4-1)

表 4-1 沿程水头损失和沿程摩阻系数测定实验数据记录和计算结果

实验名称				沿程水头损失和沿程摩阻系数测定							
实验人员											
实验日期											
测压点距离 L(m)				水密度 ρ ($\times 10^3$ kg/m³)				水黏度 μ (mPa·s)			
组别	实验管内径 d(m)	实验次数	温度 T(℃)	流出体积 V(mL)	实验时长 t(s)	流量 Q(m³/s)	流速 v(m/s)	截面1水头 h_1(cm)	截面2水头 h_2(cm)	沿程水头损失 $h_f=\Delta h$(m)	沿程摩阻系数 λ	雷诺数 Re
1		1										
		2										
		3										
		4										
		5										
		6										
2		1										
		2										
		3										
		4										
		5										
		6										
3		1										
		2										
		3										
		4										
		5										
		6										

八、实验结果分析

1. 沿程水头损失与流速的关系

根据实测数据确定坐标值,绘制各组实验中沿程水头损失与流速的关系,每组数据用不同符号表示(图 4-1)。分析沿程损失随流速的变化规律,讨论不同实验管内径对沿程损失和流速的影响。

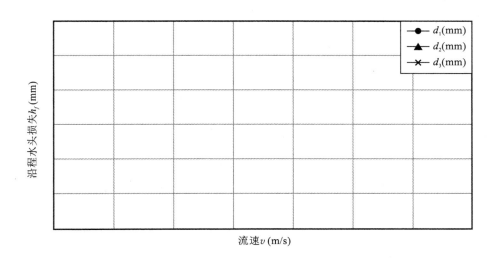

图 4-1 沿程水头损失与流速关系图

2. 沿程摩阻系数的变化规律

根据实测数据确定坐标值,绘制各组实验中沿程摩阻系数与流速的关系,每组数据用不同符号表示(图 4-2)。分析沿程摩阻系数随流速的变化规律,重点观察不同实验管内径对沿程摩阻系数的影响。

3. 流态与沿程摩阻系数

根据各流速数据计算雷诺数:

$$Re = \frac{dv\rho}{\mu} \tag{4-5}$$

根据实测数据确定坐标值,绘制各组实验的 $\lg Re - \lg \lambda$ 实验曲线(双对数坐标),每组数据用不同符号表示(图 4-3)。观察判断不同流态(层流、紊流)沿程摩阻系数的变化规律。

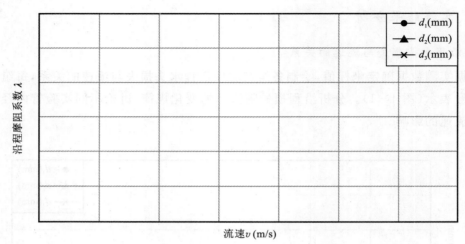

图 4-2　沿程摩阻系数与流速关系图

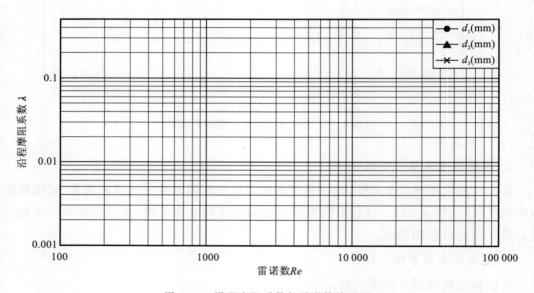

图 4-3　沿程摩阻系数与雷诺数关系图

九、分析思考题

(1) 实验管倾斜安装时,沿程损失是否还是压差板上的读数差?

(2) 根据每个实验得到的雷诺数和实验管材质、内径,在莫迪图上查找对应的沿程摩阻系数;将该数据与实验所得的沿程摩阻系数对比,分析差异存在的原因。

实验五　局部水头损失和局部阻力系数测定

一、实验意义

实验四已介绍了沿程水头损失,与之对应的局部水头损失是流体流经局部障碍(如阀门、突然变化的截面、管道的弯头/接头等)时,在局部的紊动现象引起的阻力的作用下造成的水头损失,局部阻力系数是决定局部损失的主要参数。本实验通过观测阀门、突扩突缩处流量、流速、压差等数据确定局部损失和局部阻力系数,有助于掌握局部损失和局部阻力系数的计算方法,与沿程损失一起为选择合理的动力设备和管道设计方案提供基础数据。

二、实验安全说明

本实验涉及的安全事项有:
(1)实验仪器主体为玻璃材质,切勿碰撞,以免刺伤或漏出液体。
(2)实验材料为水,须注意用水安全,合理调节流量,结束后关紧。
(3)实验进液需启动水泵,须注意用电安全,实验结束须及时关闭水泵。

三、实验目的和要求

本实验的目的和要求为:
(1)掌握实验管路局部阻力系数的测定方法。
(2)测定阀门不同开启度时(全开、约30°、约45°)的阻力系数。
(3)掌握三点法、四点法量测局部阻力系数的技能。
(4)了解圆管突扩和突缩情况下局部阻力系数的计算方法。

四、实验原理

1. 阀门的局部阻力

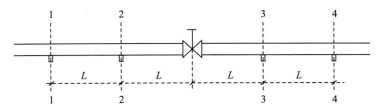

图 5-1　阀门的局部水头损失测压管段

对图 5-1 中 1、4 两断面列能量方程式，可求得阀门的局部水头损失及 $4 \times L$ 长度上的沿程水头损失 h_{f1}，则：

$$h_{f1} = \frac{P_1 - P_4}{\gamma} = \Delta h_1 \tag{5-1}$$

式中：P_1、P_4——截面 1、4 的压力；

$\gamma = \rho g$；

Δh_1——截面 1、4 的水头差值。

对 2、3 两断面列能量方程式，可求得阀门的局部水头损失及 $2 \times L$ 长度上的沿程水头损失 h_{f2}，则：

$$h_{f2} = \frac{P_2 - P_3}{\gamma} = \Delta h_2 \tag{5-2}$$

式中：P_2、P_3——截面 2、3 的压力；

$\gamma = \rho g$；

Δh_2——截面 2、3 的水头差值。

设阀门的局部水头损失为 h_v，则：

$$h_v = 2h_{f2} - h_{f1} = 2\Delta h_2 - \Delta h_1 \tag{5-3}$$

由于阀门的局部水头损失为流体受局部阻力作用时的能量损失，该处表现为：

$$h_v = \zeta \frac{v^2}{2g} \tag{5-4}$$

式中：ζ——局部阻力系数；

v——平均流速。

结合式（5-3）、式（5-4）得：

$$\zeta = (2\Delta h_2 - \Delta h_1) \frac{2g}{v^2} \tag{5-5}$$

2. 圆管突扩突缩的局部阻力

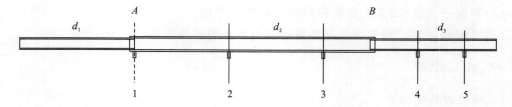

图 5-2 突扩突缩的局部水头损失测压管段

（1）突扩

突扩点为 A，测压点为 1、2、3。实验中，突扩点 A 的局部水头损失 h_A 为：

$$\begin{aligned} h_A &= h_{f1-3} - h_{f1-2} - h_{f2-3} \\ &= \Delta h_{1-3} - \Delta h_{1-2} - \Delta h_{2-3} \end{aligned} \tag{5-6}$$

突扩点 A 的局部阻力系数 ζ_A 为：

$$\zeta_A = (\Delta h_{1-3} - \Delta h_{1-2} - \Delta h_{2-3})\frac{2g}{v^2} \tag{5-7}$$

理论上，突扩点 A 的局部阻力系数由突扩前后的断面面积决定，经验计算公式为：

$$\zeta_{A'} = \left(1 - \frac{A_1}{A_2}\right)^2 \tag{5-8}$$

式中：A_1——突扩之前的断面面积（连接管截面积）；

A_2——突扩之后的断面面积（粗管截面积）。

(2) 突缩

突缩点为 B，测压点为 3、4、5，突缩点 B 的局部水头损失 h_B 为：

$$\begin{aligned} h_B &= h_{f3-5} - h_{f3-4} - h_{f4-5} \\ &= \Delta h_{3-5} - \Delta h_{3-4} - \Delta h_{4-5} \end{aligned} \tag{5-9}$$

突缩点 B 的局部阻力系数 ζ_B 为：

$$\zeta_B = (\Delta h_{3-5} - \Delta h_{3-4} - \Delta h_{4-5})\frac{2g}{v^2} \tag{5-10}$$

理论上，突缩点 B 的局部阻力系数由突缩前后的断面面积决定，其经验计算公式为：

$$\zeta_{B'} = 0.5 \times \left(1 - \frac{A_1}{A_2}\right) \tag{5-11}$$

式中：A_2——突缩之前的断面面积（粗管截面积）；

A_1——突缩之后的断面面积（连接管截面积）。

五、实验装置及材料

1. 实验装置

实验装置如图 5-3 所示，本实验的装置与沿程摩阻实验的不同在于实验管路中加入了阀门和突扩段、突缩段。

2. 实验材料

流体：自来水。

六、实验内容及步骤

阀门局部阻力实验共进行 3 组实验：阀门全开、开启 30°、开启 45°，每组实验至少做 3 个实验点。每组实验的准备工作和实验操作步骤如下：

1. 实验前准备工作

(1) 检查水槽中的水位，保持液面不低于泵吸入口；在水槽中放置温度计，随时观察记录水温。

(2) 打开实验阀门（第一组实验全开，第二组实验开启 30°，第三组实验开启 45°），启动循环水泵，然后缓慢开启实验管的入口调节阀。当水充满实验管并溢出时，关闭入口调节

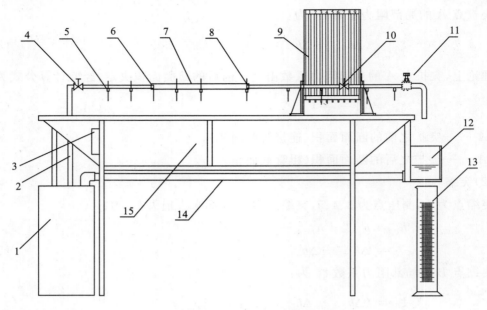

图 5-3 实验仪器简图

1.水箱;2.供水管;3.水泵开关;4.进水阀门;5.细管沿程阻力测试段;6.突扩;7.粗管沿程阻力测试段;8.突缩;9.测压管;10.实验阀门;11.出水调节阀门;12.计量箱;13.量筒;14.回水管;15.实验桌

阀,停泵。

(3)检查并排除实验管和连接管线中的气泡。

(4)调节压差板中的水柱高度至标尺中间位置。

(5)重置秒表、量筒,确认水泵和入口调节阀关闭,准备开始实验。

2. 阀门局部阻力实验步骤

(1)启动循环水泵,运行正常后缓慢调节入口阀门和出口阀门,调节流量,使压差达到测压计可量测的最大高度,稳定一段时间,记录该段时间的流出体积 V 和稳定时间 t,计算流量值 Q 和平均流速 v;记录该流量下点 1、4 压差板上的水头 h_1、h_4,计算水头差 Δh_1,即沿程损失 h_{f1};记录该流量下点 2、3 压差板上的水头 h_2、h_3,计算水头差 Δh_2,即沿程损失 h_{f2};计算该流速下阀门的局部水头损失 h_v 和局部阻力系数 ζ;记录该时段平均水温 T。

(2)调节出口阀门,适当减小流量,在新的流量稳定一段时间后,记录该段时间的流出体积 V 和稳定时间 t,计算流量值 Q 和平均流速 v;记录该流量下点 1、4 压差板上的水头 h_1、h_4,计算水头差 Δh_1,即沿程损失 h_{f1};记录该流量下点 2、3 压差板上的水头 h_2、h_3,计算水头差 Δh_2,即沿程损失 h_{f2};计算该流速下阀门的局部水头损失 h_v 和局部阻力系数 ζ;记录该时段平均水温 T。

(3)重复步骤(2),每组实验(对应实验阀门的 3 种开启状态)分别得到 3 组水头、流量测量值和局部损失、局部阻力系数计算值。

(4)停泵、关闭水阀,排空管路,结束本组实验。

实验五 局部水头损失和局部阻力系数测定

3. 突扩突缩局部阻力实验步骤

突扩突缩实验为一套实验,至少应取 3 组实验数据。测量突扩突缩管的内径,计算各管断面面积和局部阻力系数的理论值。连接好突扩突缩管路与压力板后,参照阀门局部阻力实验步骤调节流量,记录水头、流量等数据,计算突扩点和突缩点的局部损失和局部阻力系数。

七、实验数据记录和计算结果(表 5-1、表 5-2)

表 5-1 局部水头损失和局部阻力系数测定——阀门实验数据记录和计算结果

实验名称	局部水头损失和局部阻力系数测定——阀门											
实验人员												
实验日期												
实验管内径 d(m)		水密度 ρ ($\times 10^3$ kg/m³)			水黏度 μ (mPa·s)			阀门距离 L(m)				
组别	阀门开启度(°)	实验	T (℃)	V (mL)	t (s)	Q (m³/s)	v (m/s)	h_1 (cm)	h_4 (cm)	$h_{f1}=\Delta h_1$ (m)	h_2 (cm)	h_3 (cm)	$h_{f2}=\Delta h_2$ (m)	h_v (m)	ζ	Re
1	全开	1														
		2														
		3														
2	30	1														
		2														
		3														
3	45	1														
		2														
		3														

表 5-2 局部水头损失和局部阻力系数测定——突扩突缩实验数据记录和计算结果

实验名称					局部水头损失和局部阻力系数测定——突扩突缩							
实验人员												
实验日期												
连接管内径 d_1(m)				扩大段内径 d_2(m)			$\zeta_{A'}$			$\zeta_{B'}$		
A_1(m²)				A_2(m²)								
阻力类型	实验	T (℃)	V (mL)	t (s)	Q (m³/s)	v (m/s)	h_1 (cm)	h_2 (cm)	h_3 (cm)	h_4 (cm)	h_5 (cm)	h_A (cm)	ζ_A	H_B (m)	ζ_B
突扩	1														
	2														
	3														
	4														
突缩	1														
	2														
	3														
	4														

八、注意事项

(1) 每组实验前必须排除管路内的气泡,以免得到不符合整体规律的实验数据。
(2) 每组实验之间必须重新做好实验准备工作,调整好实验阀门开启度。
(3) 每组实验内 3 个实验点的压差值不要太接近。
(4) 所有实验结束后必须排空实验管,关闭所有阀门,并清空水槽。

九、分析思考题

(1) 根据实测数据确定坐标值,绘制阀门局部阻力和流量的关系图(图 5-4),讨论实验阀门同一开启度,不同流量下,ζ 值应为定值抑或变值,为什么?实验阀门不同开启度时,如把流量调至相等,ζ 值是否相等?

(2) 根据实测数据确定坐标值,分析比较突扩与突缩在相应条件下的局部损失大小关系(图 5-5);对比突扩突缩点局部阻力系数的理论值和实验计算值,分析差异产生的原因。

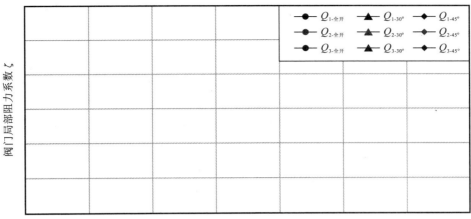

图 5-4 阀门局部阻力系数与流量关系图

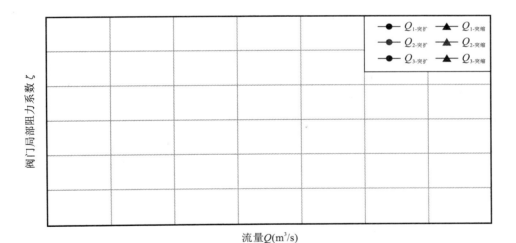

图 5-5 突扩突缩局部阻力系数与流量关系图

（3）结合流动演示的水力现象，分析局部阻力损失机理和产生突扩与突缩局部阻力损失的主要部位在哪里？怎样减小局部阻力损失。

实验六 不可压缩流体单向稳定渗流实验

一、实验意义

不可压缩流体单向稳定渗流也称直线渗流,以稳定渗流理论为基础,以流体在填砂管或人工岩芯中的流动来模拟水平均质地层中不可压缩流体的单向稳定渗流过程,是稳定渗流最基本的形式。在石油工程中,均质储层中的注水开发渗流可近似认为是直线渗流。本实验通过观测渗流管中流量、流速、压差等数据确定渗透介质中流量与压差的关系,有助于加深对达西定律的理解,计算渗透率。

二、实验安全说明

本实验涉及的安全事项有:
(1)实验仪器部分为玻璃材质,切勿碰撞,以免碰伤或漏出液体。
(2)实验材料为水,须注意用水安全,合理调节流量,结束后关紧。
(3)实验进液需启动水泵,须注意用电安全,实验结束须及时关闭水泵。

三、实验目的和要求

本实验的目的和要求为:
(1)了解不可压缩流体一维单向稳定渗流即直线渗流在压力、流量方面的表现,掌握直线渗流压降规律。
(2)加深对达西定律的理解,了解其适用范围。
(3)掌握直线渗流中渗透率的计算方法。

四、实验原理

1. 直线渗流的基本表达式

单相流体稳定渗流时有:

$$\frac{\partial^2 P}{\partial x^2} + \frac{\partial^2 P}{\partial y^2} + \frac{\partial^2 P}{\partial z^2} = 0 \tag{6-1}$$

在单向流中:

$$\frac{\mathrm{d}^2 P}{\mathrm{d}x^2} = 0 \tag{6-2}$$

设入口压力为 P_e,出口压力为 P_w,管道内径为 D,管道长度为 L(图 6-1),对式(6-2)积分得任意点处压力 P 为:

$$P = P_e - \frac{P_e - P_w}{L}x \tag{6-3}$$

由图 6-1 和式(6-3)可知,P 沿 x 方向均匀下降,呈线性分布。直线渗流的特点即为管道内等压面与管道截面平行且等压面之间间距相同,与之垂直的流线也为等间距分布。

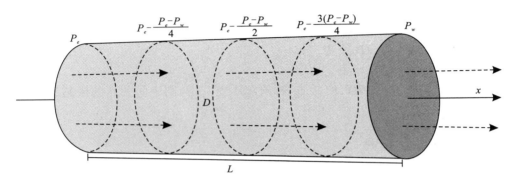

图 6-1 直线渗流示意图

2. 直线渗流的流量

圆管中的平均流速 v 的表达式为:

$$v = \frac{Q}{A} = \frac{4Q}{\pi D^2} \tag{6-4}$$

式中:Q——流量;

A——圆管截面积;

D——圆管内径。

根据达西定理:

$$v = -\frac{k}{\mu}\frac{\mathrm{d}P}{\mathrm{d}x} \tag{6-5}$$

式中:k——渗透率;

μ——流体动力黏度;

$\dfrac{\mathrm{d}P}{\mathrm{d}x}$——压力梯度。

结合式(6-4)、式(6-5)得:

$$\mathrm{d}P = -\frac{4Q\mu}{k\pi D^2}\mathrm{d}x \tag{6-6}$$

对 P 积分:

$$\int_{P_e}^{P_w}\mathrm{d}P = -\frac{4Q\mu}{k\pi D^2}\int_0^L\mathrm{d}x \tag{6-7}$$

则流量 Q 为：

$$Q = \frac{k\pi D^2 (P_e - P_w)}{4\mu L} \tag{6-8}$$

可见在直线渗流中，对给定的介质，若两端压差一定，则流量为定值。

3. 直线渗流的流速和压力梯度

将式(6-8)代入式(6-4)得：

$$v = \frac{k}{\mu} \frac{P_e - P_w}{L} \tag{6-9}$$

结合式(6-5)和式(6-9)得：

$$\frac{dP}{dx} = -\frac{P_e - P_w}{L} \tag{6-10}$$

可见在直线渗流中，对给定的介质，若两端压差一定，则中间各点的流速、压力梯度为定值。

五、实验装置及材料

1. 实验装置

实验装置如图6-2所示。

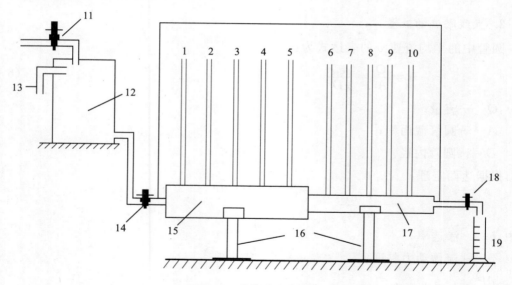

图6-2 直线渗流装置图

1~10.测压管；11.供液阀；12.供液筒；13.溢流管；14.供液控制；15.水平单向渗流管(粗管)；16.支架；17.水平单向渗流管(细管)；18.出口控制阀；19.量筒

2. 实验材料

渗流管：中孔中渗人工岩芯。

流体：自来水。

六、实验内容及步骤

1. 实验前准备工作

(1)测量渗流管内径、长度,测压管间距等相关数据。
(2)检查并排除实验管和连接管线中的气泡。
(3)关闭出口阀,打开供液阀,打开管道泵,向供液筒注水,调节各测压管中的水柱高度至与供液筒的液面高度保持一致。
(4)重置秒表、量筒,准备开始实验。

2. 实验步骤

(1)小幅度调节出口阀,使测压管的液面高度达到最大值,稳定一段时间。记录各测压管内的液面高度,记录该时段内的流量、水温。
(2)适当打开出口阀,调整至较小的压差,稳定一段时间。记录各测压管内的液面高度,记录该时段内的流量、水温。
(3)重复步骤(2),测量不同压差下流量,共得到不少于5组实验数据。
(4)关闭出口阀、水泵、供液阀,结束实验。

七、实验数据记录和计算结果(表6-1)

表6-1 不可压缩流体单向稳定渗流实验数据记录和计算结果

实验名称					不可压缩流体单向稳定渗流实验(直线渗流)								
实验人员													
实验日期													
粗管内径 d(m)			粗管截面积 A(m^2)			粗管长度 L(m)			ρ($\times 10^3$ kg/m^3)			μ(mPa·s)	
细管内径 d(m)			细管截面积 A(m^2)			细管长度 L(m)							
实验	T (℃)	V (mL)	t (s)	Q (m^3/s)	v (m/s)	测压管液面水头 h(cm)							
						1	2	3	4	5	6	7	8	9	10
1															
2															
3															
4															
5															
6															

八、实验结果分析

1. 压力与距离关系

根据各组实验中测压管的液面高度计算压力,绘制各测压管压力 P_i 与测压管和入口端的距离 x_i 的关系,每组数据(对应不同流量)用不同符号表示(图6-3)。分析各点压力随距离的变化规律(压降规律),讨论不同流量之间压力的差异。

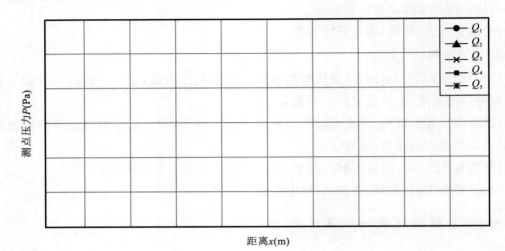

图6-3 测点压力随距离变化曲线

2. 流量与压力梯度关系

计算各组实验中渗流管两端的压差和压力梯度,绘制流量与压力梯度曲线(图6-4),观察是否符合达西流动规律。

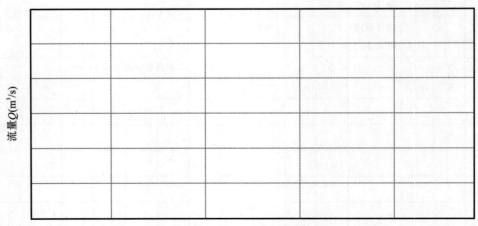

图6-4 流量与压力梯度关系图

3. 计算渗透率

根据达西定律,计算渗流管渗透率 K。

$$K = \frac{4Q\mu L}{\pi D^2 (P_e - P_w)} \qquad (6-11)$$

九、分析思考题

(1)解决渗流问题的基本思路是什么?

(2)渗流基本微分方程由哪几个方程组成?

(3)分析说明不同流量下压力与流动距离关系曲线差异的原因。

实验七　不可压缩流体平面径向稳定渗流实验

一、实验意义

平面径向渗流实验以稳定渗流理论为基础,采用圆形填砂模型或人工岩芯,以流体在模型中的流动模拟水平均质地层中不可压缩流体平面径向稳定渗流过程。平面径向流可分为发散径向流(如注水井),或汇聚径向流(如采油井),是油气田开发过程中最常见的渗流形式。本实验通过观测渗流模型中流量、流速、压差等数据确定渗透介质中流量与压差的关系,有助于加深对达西定律的理解,掌握油气田开发过程中的生产压差、产量的基本计算方法。

二、实验安全说明

本实验涉及的安全事项有:
(1)实验仪器部分为玻璃材质,切勿碰撞,以免刺伤或漏出液体。
(2)实验材料为水,须注意用水安全,合理调节流量,结束后关紧。
(3)实验进液需启动水泵,须注意用电安全,实验结束须及时关闭水泵。

三、实验目的和要求

本实验的目的和要求为:
(1)了解平面径向流在石油工程中的普遍性和重要性。
(2)熟悉平面径向流的压力降落规律,比较分析与直线渗流规律的不同。
(3)加深对达西定律在径向渗流方式下的理解。
(4)初步探讨非均质性地层中的渗流问题。

四、实验原理

1. 平面径向流的基本表达式

设有水平均质等厚的半径为 r_e 的圆形地层,外缘压力恒为 P_e,流体以径向流向中心井(井径为 r_w)汇聚,压力为 P_w(图7-1)。单相流体稳定渗流时任意点(距井筒距离为 r)有:

$$\frac{d^2P}{dr^2} + \frac{1}{r}\frac{dP}{dr} = 0 \qquad (7-1)$$

式中：$r_w \leqslant r \leqslant r_e$，$P_w \leqslant P \leqslant P_e$。

2. 平面径向流的压力分布

将式(7-1)分离变量积分并代入边界条件得：

$$P = P_e - \frac{P_e - P_w}{\ln \frac{r_e}{r_w}} \ln \frac{r_e}{r} \quad (7-2)$$

或

$$P = P_w + \frac{P_e - P_w}{\ln \frac{r_e}{r_w}} \ln \frac{r}{r_w} \quad (7-3)$$

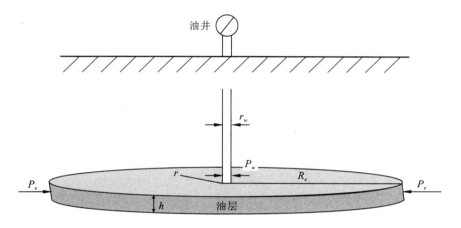

图 7-1 平面径向流示意图

由式(7-2)、式(7-3)可知，平面径向流的压力与井筒距离呈半对数关系，在地层范围内，从地层边缘到井的压力分布表现为漏斗状的曲面，即为压降漏斗；投影到平面上，等压线表现为以井筒为中心的同心圆，越靠近井筒越密集(图 7-2)。

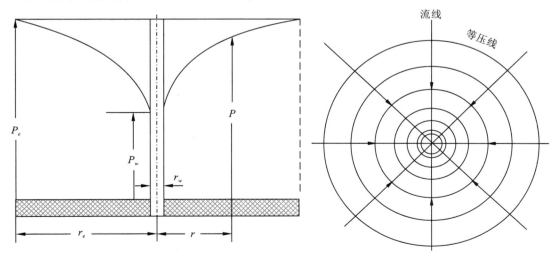

图 7-2 平面径向流的压力分布规律示意图

3. 平面径向流的流量和流速

根据达西定律：

$$Q = Av = 2\pi rh \frac{k}{\mu} \frac{\mathrm{d}P}{\mathrm{d}r} \tag{7-4}$$

结合式(7-3)、式(7-4)，分离变量积分得：

$$Q = \frac{2\pi hk(P_e - P_w)}{\mu \ln \frac{r_e}{r_w}} \tag{7-5}$$

可知流量由地层性质和压差决定。

由式(7-4)、式(7-5)得：

$$v = \frac{k}{\mu r} \frac{(P_e - P_w)}{\ln \frac{r_e}{r_w}} \tag{7-6}$$

则压力梯度 $\frac{\mathrm{d}P}{\mathrm{d}r}$ 为：

$$\frac{\mathrm{d}P}{\mathrm{d}r} = \frac{1}{r} \frac{(P_e - P_w)}{\ln \frac{r_e}{r_w}} \tag{7-7}$$

可知压力梯度与井筒距离呈双曲函数关系。r 越小，v 越大，$\frac{\mathrm{d}P}{\mathrm{d}r}$ 也越大，表示能量衰减越大。

五、实验装置及材料

1. 传统实验装置

传统实验装置如图7-3所示。

2. HXJS-Ⅰ型径向稳定渗流三维模型实验装置（自主知识产权）

本装置为高强度合金钢钢体结构，视窗采用有机玻璃制作，通过玻璃可直接观察实验现象或进行摄影和摄像。模型四周拐角为圆角，内壁特殊加工，尽量减小边界效应；底板上设有若干测孔，可用于连接管路，也可连接压力、饱和度电传感器，直接测量选定测点的压力等数据（图7-4）。

3. 实验材料

地层模型：中孔中渗填砂模型。
流体：自来水。

六、实验内容及步骤

1. 实验前准备工作

(1)测量地层模型半径 r_e、厚度 h，模拟井半径 r_w，测压管间距 L 等相关数据；检查并

实验七　不可压缩流体平面径向稳定渗流实验

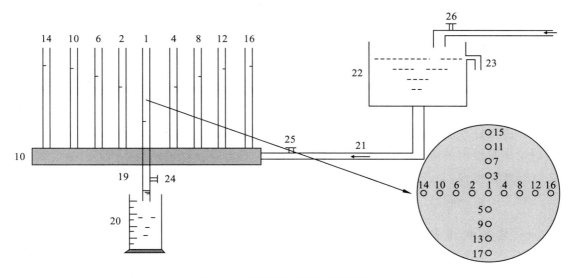

图 7-3　平面径向流实验装置图

1.模拟井筒(可测压);2~17.测压管;18.圆形地层模型;19.模拟生产井筒;20.量筒;
21.进液管线;22.供液筒;23.溢流管;24.排液阀;25.进液阀;26.供液阀

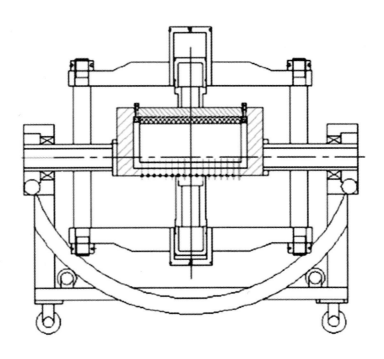

图 7-4　HXJS-Ⅰ平面径向流实验装置示意图

排除系统内的气泡。

(2)打开供液阀,打开管道泵,向供液筒注水,调节各测压管中的水柱高度至与供液筒的液面高度保持一致。

(3) 关闭排液阀，打开进液阀，向地层模型注水。

(4) 设置好秒表、量筒，准备开始实验。

2. 实验步骤

(1) 小幅度调节出口阀，使测压管的液面高度达到最大值，稳定一段时间。记录各测压管内的液面高度，记录该时段内的流量、水温。

(2) 适当打开出口阀，调整至较小的压差，稳定一段时间。记录各测压管内的液面高度，记录该时段内的流量、水温。

(3) 重复步骤(2)，测量不同压差下流量，共得到不少于3组实验数据。

(4) 关闭排液阀、进水阀，结束实验。

七、实验数据记录和计算结果（表 7-1、表 7-2）

表 7-1　不可压缩流体平面径向稳定渗流实验（传统实验总量）数据记录和计算结果

实验名称						不可压缩流体平面径向稳定渗流实验				
实验人员										
实验日期										
中心实验管半径 r_w(m)		边径半径 r_e(m)		h(m)		L(m)	ρ ($\times 10^3$ kg/m³)		μ (mPs·s)	
实验	T (℃)	V (mL)	t (s)	Q (m³/s)	v (m/s)	测压管液面水头 h(cm)				
						测压管位置 $r=0(P_w)$	测压管位置 $r=L$	测压管位置 $r=2L$	测压管位置 $r=3L$	测压管位置 $r=r_e-r_w(P_e)$
1						1	2	6	10	14
							3	7	11	15
							4	8	12	16
							5	9	13	17
2						1	2	6	10	14
							3	7	11	15
							4	8	12	16
							5	9	13	17
3						1	2	6	10	14
							3	7	11	15
							4	8	12	16
							5	9	13	17
4						1	2	6	10	14
							3	7	11	15
							4	8	12	16
							5	9	13	17

表7-2 不可压缩流体平面径向稳定渗流实验(HXJS-I型实验装置)数据记录和计算结果

实验名称						不可压缩流体平面径向稳定渗流实验(HXJS-I)				
实验人员										
实验日期										
中心实验管半径 r_w(m)		边径半径 r_e(m)		h(m)	L(m)	ρ ($\times 10^3 \text{kg/m}^3$)			μ (mPs·s)	
实验	T (℃)	V (mL)	t (s)	Q (m³/s)	v (m/s)	测压管液面水头 h(cm)				
						测压管位置 $r=0(P_w)$	测压管位置 $r=L$	测压管位置 $r=2L$	测压管位置 $r=3L$	测压管位置 $r=r_e-r_w(P_e)$
1						1	2	6	10	14
							3	7	11	15
							4	8	12	16
							5	9	13	17
2						1	2	6	10	14
							3	7	11	15
							4	8	12	16
							5	9	13	17
3						1	2	6	10	14
							3	7	11	15
							4	8	12	16
							5	9	13	17
4						1	2	6	10	14
							3	7	11	15
							4	8	12	16
							5	9	13	17

八、实验结果分析

1. 压力与距离关系

根据各组实验中测压管的液面高度计算压力,绘制各测压管压力 P_i 与测压管和井筒的距离 r_i 的关系图,每组数据(对应不同流量)用不同符号表示(图7-5)。

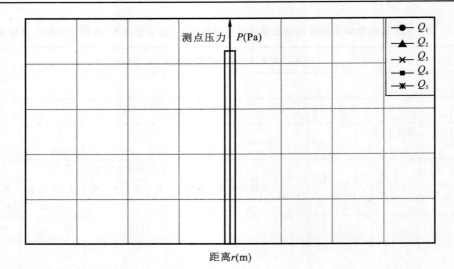

图 7-5 测点压力与距离关系图（距离相等的测点数据投影重叠）

2. 将得到的压力分布投影到平面上，绘出平面径向流渗流场图（图 7-6）。

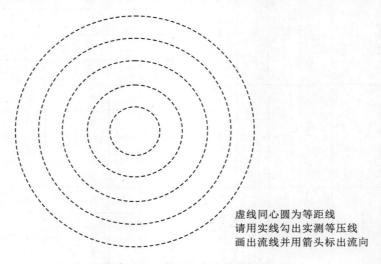

虚线同心圆为等距线
请用实线勾出实测等压线
画出流线并用箭头标出流向

图 7-6 平面径向流渗流场图

3. 计算地层平均渗透率

根据达西定律，计算地层模型平均渗透率 K。

$$K = \frac{4Q\mu L}{\pi D^2 (P_e - P_w)} \tag{7-8}$$

九、分析思考题

(1) 根据平面径向流的相关表达式，分析油田开发过程中提高产量的手段。
(2) 对非均质地层（渗透率突变），其平面径向流流动规律会有什么变化？

实验八　井间干扰模拟实验

一、实验意义

油藏是一个统一的流体动力系统,在这个系统内,整个含油和含水地区都是互相联系的。同一油层中多口井同时生产时,其中任一口井工作制度的改变(如新井投产、事故停井等)引起的其他井井底压力及产量的变化现象,称为井间干扰,对求取单井储量、设计开发方案具有重要意义。本实验通过水电模拟方法和直接测试法模拟多井同产时的压差和流量变化情况,有助于深入理解多井同产时压降的叠加原理,掌握压降叠加的计算方法。

二、实验安全说明

本实验涉及的安全事项有:
(1)实验仪器部分为玻璃材质,切勿碰撞,以免刺伤或漏出液体。
(2)实验材料为水,须注意用水安全,合理调节流量,结束后关紧。
(3)实验进液需启动水泵,须注意用电安全,实验结束须及时关闭水泵。
(4)实验电路须严格控制电压和电流,防止触电。

三、实验目的和要求

本实验的目的和要求为:
(1)掌握水电模拟的原理和实验方法,学会计算相似系数。
(2)理解井间干扰实质上是渗流场的叠加分布,掌握生产井周围压降的计算方法,绘制多井同产的等压线、流线图。
(3)测定多井同产时流量和压差的关系,加深对达西定律的理解。

四、实验原理

1. 井间干扰与压力叠加原理

多井同时生产时,地层中任一点 X 的压降等于各井单独生产时在该点形成的压降的代数和(图 8-1),表达式为:

$$\Delta P_X = \sum_{i=1}^{n} (\Delta P_i)_X = \sum_{i=1}^{n} \pm \frac{\mu Q_i}{2\pi kh} \ln \frac{r_e}{(r_i)_X}$$

$$= \sum_{i=1}^{n} \pm \frac{\mu Q_i}{2\pi kh} \ln (r_i)_X + c \tag{8-1}$$

式中：ΔP_X——X 点的压降；

i——任一口井；

n——井的总数目；

$(\Delta P_i)_X$——i 井单独生产时在 X 点的压降，生产井为正，注水井为负；

Q_i——i 井的产量；

μ——流体黏度；

k——油层渗透率；

h——油层厚度；

r_e——油层供给半径；

$(r_i)_X$——点 X 到 i 井的距离；

c——油层性质决定的常数。

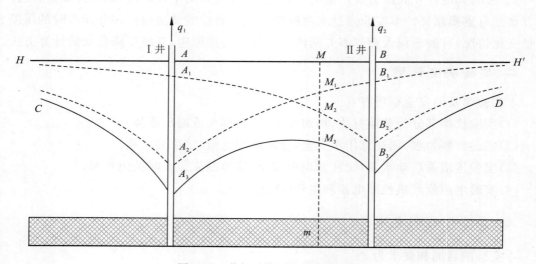

图 8-1　井间干扰形成的压降叠加

$H-H'$ 为地面（基准面）；q_1、q_2 分别为 Ⅰ 井、Ⅱ 井的产量，虚线表示两口井单独生产时的压力分布规律，即 Ⅰ 井单独生产时，其井底压降为 AA_2，Ⅱ 井单独生产时，其井底压降为 BB_2。但当两口井同时生产时，Ⅱ 井的生产在 Ⅰ 井形成压降 AA_1，Ⅰ 井的生产又在 Ⅱ 井形成压降 BB_1，当产量不变的情况下，Ⅰ 井的总压降为 AA_3，而 Ⅱ 井的总压降则为 BB_3。在两井中间的 M 点，当只有 Ⅰ 井生产时，其压降为 MM_1，当只有 Ⅱ 井生产时，其压降为 MM_2，当 Ⅰ 井和 Ⅱ 井同时生产时，M 点的总压降为 MM_3。

2. 水-电相似性原理

根据达西定律，流体通过多孔介质流动的微分方程为：

$$v = \frac{Q}{A} = -K \frac{\mathrm{d}P}{\mathrm{d}x} \tag{8-2}$$

式中：v——流速；

Q——流量；

A——介质有效截面积;

K——介质渗透系数;

$-\dfrac{\mathrm{d}P}{\mathrm{d}x}$——压力梯度。

均质地层不可压缩流体的稳定渗流连续性方程为:

$$\dfrac{\partial^2 P}{\partial x^2}+\dfrac{\partial^2 P}{\partial y^2}+\dfrac{\partial^2 P}{\partial z^2}=0 \tag{8-3}$$

根据欧姆定律,电荷通过导体材料流动的微分方程为:

$$J=\dfrac{I}{A}=-\sigma\dfrac{\mathrm{d}U}{\mathrm{d}x} \tag{8-4}$$

式中:J——电流密度;

I——单位电流;

A——导线截面积;

σ——电导率;

U——电压;

$-\dfrac{\mathrm{d}U}{\mathrm{d}x}$——电场强度。

均匀导体中电压分布方程为:

$$\dfrac{\partial^2 U}{\partial x^2}+\dfrac{\partial^2 U}{\partial y^2}+\dfrac{\partial^2 U}{\partial z^2}=0 \tag{8-5}$$

式(8-1)、式(8-2)与式(8-3)、式(8-4)形式相同,因此均质地层中的不可压缩流体稳定渗流可以用均匀导体中的稳定电场进行模拟,此即为水-电相似原理。

3. 相似系数和相似性准则

利用电场模拟渗流场时,需要对模拟模型各参数和地层参数的相似性进行评价,各参数的相似系数定义为模型参数与相应地层参数的比值,相似系数必须满足一定的约束条件,即相似性准则。水电模拟的主要相似系数及其表达式为:

$$C_l=\dfrac{L_m}{L_r} \tag{8-6}$$

式中:C_l——几何相似系数;

L_m——模型几何参数;

L_r——地层几何参数。

$$C_P=\dfrac{\Delta U}{\Delta P} \tag{8-7}$$

式中:C_P——压力相似系数;

ΔU——模型电压差;

ΔP——地层相应位置压力差。

$$C_f=\dfrac{R}{F} \tag{8-8}$$

式中：C_f——阻力相似系数；
R——模型中的电阻；
F——地层相应位置阻力。

$$C_K = \frac{\sigma}{K} \tag{8-9}$$

式中：C_K——流动相似系数；
σ——模型电导率；
K——地层渗透系数。

$$C_Q = \frac{I}{Q} \tag{8-10}$$

式中：C_Q——流量相似系数；
I——模型中的电流；
Q——地层中的流量。

根据欧姆定律中电流、电位、电阻之间的关系和达西定律中流量、压差、阻力之间的关系，各相似系数之间应遵守以下准则：

$$C_Q = \frac{C_P}{C_f} \tag{8-11}$$

4. 井间干扰的水电模拟

根据水电模拟原理和式(8-11)，模拟溶液中任一点 X 的电位等于各井单独生产时在该点形成的电位的代数和，表达式为：

$$\begin{aligned}\Delta U_X &= \sum_{i=1}^{n}(\Delta U_i)_X = \sum_{i=1}^{n} \pm \frac{RI_i}{2\pi h}\ln\frac{r_e}{(r_i)_X}\\ &= \sum_{i=1}^{n} \pm \frac{RI_i}{2\pi h}\ln(r_i)_X + c\end{aligned} \tag{8-12}$$

式中：R——电阻；
I_i——X 点的电流；
r_e——边界半径；
$(r_i)_x$——X 点距中心的半径。

根据多井油层参数与水电模拟参数的相似系数计算和相似性准则，水电模拟实验的结果可换算为油层中的数值。

五、实验装置及材料

1. 水电模拟实验装置

水电模拟实验装置如图 8-2。

2. 实验装置说明

(1)电解槽材质为高强度玻璃，底面刻有坐标，方便确定点的方位。

实验八 井间干扰模拟实验

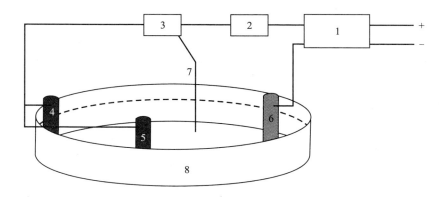

图 8-2 井间干扰模拟实验装置图
1.稳压电源;2.可调电阻箱;3.电压表;4、5.铜丝(模拟生产井);
6.铜丝(模拟注水井);7.测压探针;8.电解槽(模拟油层)

(2)生产井为低电位,负极;注水井为高电位,正极。

(3)电阻箱为可调电阻。

3. HXJS-Ⅰ型径向稳定渗流三维模型实验装置(自主知识产权)

本装置为高强度合金钢钢体结构,视窗采用有机玻璃制作,通过玻璃可直接观察实验现象或进行摄影和摄像。模型四周拐角为圆角,内壁特殊加工,尽量减小边界效应;底板上设有若干测孔,可用于连接管路,同时模拟多个注入井和生产井,也可连接压力、饱和度电传感器,直接测量选定测点的压力等数据(图 8-3)。

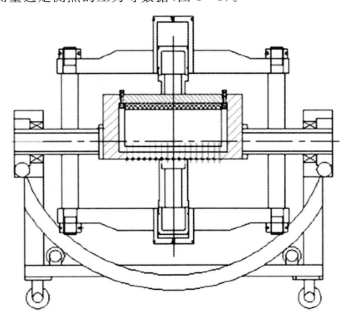

图 8-3 HXJS-Ⅰ平面径向流实验装置图

4. 实验材料

水电模拟电解槽溶液:电阻值为 5~10kΩ 的 NaCl 溶液、$CaCl_2$ 溶液或 $CuSO_4$ 溶液。

六、实验内容及步骤

1. 实验前准备工作

(1)以实验槽大小、实验电压范围、溶液电阻率等为基础,依据相似性准则设置模拟油层参数,包括油层供给半径 r_e、油层厚度 h,油层渗透率 k,流体黏度 μ,两口生产井的产量 Q_1、Q_2,一口注水井的注入量 Q_3 等相关数据。

(2)关闭电源,变压器调为最小值,连接电路。

2. 实验步骤

(1)调整调压器,设置测量电压(如 5V),开启电压表,测量记录电极电压。

(2)探针深入溶液中,测取电压相等的点,记录点位;或按网格测量各点电压;测点应分布整个实验槽,近井处可密集一些,共测不少于 40 个点。

(3)有条件时可外接电流表,测量(2)中同一点位的电流。

七、实验数据记录和计算结果(表 8-1、表 8-2)

表 8-1　井间干扰水电模拟实验记录和计算结果

实验名称	井间干扰水电模拟实验									
实验人员										
实验日期										
实验电压 U(V)	溶液电阻(kΩ)		井 1 位置		井 2 位置		井 3 位置			
等压线测量结果	点位	电压 U	点位	电压 U	点位	电压 U	点位	电压 U	点位	电压 U

表 8-2　井间干扰物理模拟实验（HXJS-Ⅰ）记录和计算结果

实验名称	井间干扰物理模拟实验（HXJS-Ⅰ）									
实验人员										
实验日期										
井 1 位置			井 2 位置					井 3 位置		
等压线测量结果	点位	压力 U	点位	压力 U	点位	压力 U	点位	压力 U	点位	压力 U

八、实验结果分析

（1）根据各点电压，绘制等压线，观察分析电压与模拟井的位置关系；加绘流线，绘制渗流场图（图 8-4）。

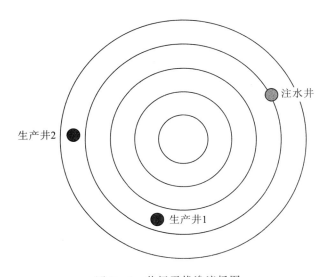

图 8-4　井间干扰渗流场图

(2)根据设置的油层参数和相似系数,将实验结果换算为油层数据,讨论多井同产时流量和压差的关系。

九、注意事项

(1)测量时为防止损坏电压表,应从高电位向低电位测量。

(2)实验过程中要注意保持电极间电压一致,测量数个点位后回归电极测量,若发现变化则马上调整到初始值,再继续点位测量。

(3)测量时可大致绘制等压线,分析趋势是否合理,是否需要加点或重测。

十、分析思考题

(1)测量时电压会有小幅波动,怎样改进?

(2)线路输出电压对实验有无影响?

(3)将实验结果换算为油层生产数据时,怎样验证是否正确?

实验九　原油驱替地层水实验

一、实验意义

油气进入储集层后的运移是油气驱替储层孔隙中原有的地层水的过程。本实验通过岩芯中的油水驱替实验模拟原油在均质储层中的运移作用,有助于深入理解油水在均质储层中的流动规律。

二、实验安全说明

本实验涉及的安全事项有:

(1)实验材料进液需启动平流泵,须注意用水用电安全,合理调节流量,防止孔隙压力过高,结束后关闭平流泵。

(2)实验设计加围压,须按要求调整压力,注意高压危险。

(3)实验设计加热,须按要求调整温度,注意高温。

三、实验目的和要求

本实验的目的和要求为:

(1)掌握均质储层中油水两相流的连续性方程。

(2)了解储层中流体饱和度的计算方法。

(3)了解原油在储层运移时压差与流量的关系。

四、实验原理

忽略水和油的压缩性及油水混相带,原油在均质储层中的运移成藏过程即油驱水过程可简化为油区向水区的活塞式推进(图9-1)。

油区和水区中的稳定渗流表达为:

$$\frac{\partial^2 P_o}{\partial x^2} + \frac{\partial^2 P_o}{\partial y^2} + \frac{\partial^2 P_o}{\partial z^2} = 0 \qquad (9-1)$$

$$\frac{\partial^2 P_w}{\partial x^2} + \frac{\partial^2 P_w}{\partial y^2} + \frac{\partial^2 P_w}{\partial z^2} = 0 \qquad (9-2)$$

式中:P_o——油区压力;

P_w——水区压力。

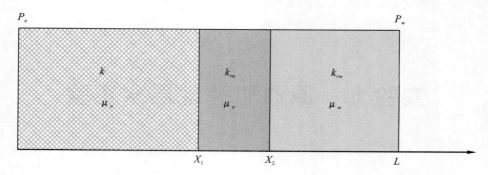

图 9-1 活塞式油驱水示意图

k. 储层的绝对渗透率；μ_o、μ_w. 油、水的粘度；k_{ro}、k_{rw}. 油水两相中油、水的相对渗透率；x_1. 纯油区与油水两相区的界面距起点的距离；x_2. 油水两相区与纯水区的界面距起点的距离；L. 储层边界距起点的距离

在油水界面上：
$$P_o = P_w \tag{9-3}$$

根据达西定律和物质平衡方程，油驱水体系中的流量表达式为：

$$Q = \frac{kA(P_e - P_w)}{\mu_o x_1 + \dfrac{\mu_o}{k_{ro}}(x_2 - x_1) + \dfrac{\mu_w}{k_{rw}}(L - x_2)} \tag{9-4}$$

式中：Q——流量；

k——储层的绝对渗透率；

A——储层截面积；

$(P_e - P_w)$——储层压差；

μ_o、μ_w——油、水的黏度；

k_{ro}、k_{rw}——油水两相中油、水的相对渗透率；

x_1、x_2、L——纯油区、油水两相区及储层边界与起点的距离。

五、实验装置及材料

1. 实验装置

实验装置如图 9-2 所示。

2. 实验装置说明

平流泵：流量 $0.01 \sim 9.99$ mL/min。

岩芯夹持器：围压不大于 60 MPa，内压不大于 30 MPa，岩芯规格 $\phi 25 \times 80$ mm，岩芯长度可调。

恒温箱：工作温度在室温～150℃之间，控制精度为 ±1℃。

压力计量系统：在岩芯夹持器进、出口均安装有压力表，用于测量岩芯进、出口压力，

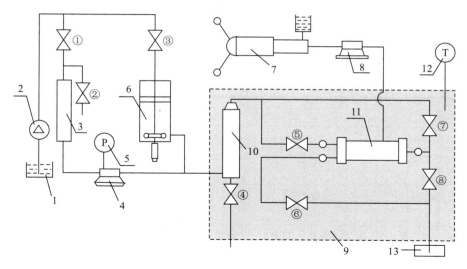

图 9-2 油驱水实验装置图
1. 进液桶;2. 平流泵;3. 储液罐;4、8. 六通阀;5. 压力计;6. 搅拌活塞容器;7. 加围压装置;
9. 恒温箱;10. 缓冲容器;11. 岩心样品夹持器;12. 温度计;13. 电子天平;①~⑧. 阀门

以满足不同压力测量的需要。

3. 实验材料

中孔中渗人工岩芯、石蜡油、模拟地层水。

六、实验内容及步骤

1. 实验前准备工作

(1)测量人工岩芯直径和长度,计算体积;将人工岩芯在60℃下烘24h,达到孔隙中无液体。

(2)测量石蜡油和地层水的黏度。

(3)将岩芯装入夹持器,拧紧后接入实验系统,加围压,恒温箱加温。

(4)平流泵连接水桶,打开平流泵,向岩芯注入模拟地层水,待出口流量与入口流量一致时,表示岩芯饱含水,关泵。

(5)平流泵连接油桶,重置秒表、电子天平,准备开始实验。

2. 实验步骤

(1)打开平流泵,以 0.1 mL/min 将油注入饱含水的岩芯,稳定一段时间,记录该时段内的入口压力、出口压力、流量、温度。

(2)适当加大平流泵流量,继续将油注入岩芯,稳定一段时间,记录该时段内的入口压力、出口压力、流量、温度。

(3)重复(2),直到出口只出油不出水。

(4)关闭平流泵、恒温箱,卸围压,结束实验。

七、实验数据记录和计算结果(表9-1)

表9-1 原油驱替地层水实验(油驱水)数据记录和计算结果

实验名称			原油驱替地层水实验(油驱水)								
实验人员											
实验日期											
直径 D (cm)		长度 L (cm)		渗透率 k ($\times 10^{-3} \mu m^2$)				油黏度 μ_o (mPa·s)		水黏度 μ_w (mPa·s)	
实验	稳定时间	T (℃)	泵入流量 $Q_{泵}$ (mL/min)	流出体积 V_{out} (mL)	流量 Q (m³/s)	流速 v (m/s)	边界压力 P_e (MPa)	井底压力 P_w (MPa)	k_{rw}	k_{ro}	S_w	S_o
饱含水过程												
油驱水过程												

八、实验结果分析

根据实测数据确定坐标值,绘制压差与流量交会图(图9-3),分析油驱水过程中流量和含油饱和度的变化规律。

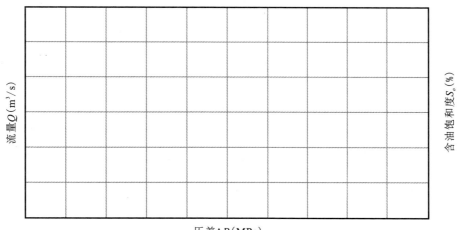

图9-3　油驱水过程中流量、含油饱和度随压差变化曲线

九、注意事项

(1)夹持器、管路、压力表等有一定的工作压力,使用时切不可超过工作压力。特别是使用气体作为驱替动力时,尤其要小心,不可超压使用。

(2)设备在高温下操作使用时,操作人员必须带绝热手套,以免烫伤。

十、分析思考题

(1)实验中仅计算了可动油、水饱和度,怎样评价束缚水饱和度?

(2)本实验为直线驱替,若为平面径向流,压差、流量会有什么样的表现?

(3)实验中未涉及油水间的毛细管力,加入毛细管力计算结果会有什么不同?

实验十　注水开发模拟实验

一、实验意义

注水开发是目前及可预期的相当长的一段时期内油田开发的主要手段。了解水驱油的机理，掌握注水开发油田的动态预测方法，是石油工程专业的重要内容。本实验通过岩芯中的油水驱替实验模拟水驱油的过程，有助于深入理解注水开发的合理压差、最大产量等问题。

二、实验安全说明

本实验涉及的安全事项有：
(1)实验材料进液需启动平流泵，须注意用水、用电安全，合理调节流量，防止孔隙压力过高，结束后关闭平流泵。
(2)实验设计加围压，须按要求调整压力，注意高压危险。
(3)实验设计加热，须按要求调整温度，注意高温。

三、实验目的和要求

本实验的目的和要求为：
(1)掌握均质储层中油水两相流的连续性方程。
(2)了解储层中流体饱和度的计算方法。
(3)了解注水开发过程中压差与流量的关系。

四、实验原理

忽略水和油的压缩性及油水混相带，原油在均质储层中的开发过程即水驱油过程，可简化为水区向油区的活塞式推进(图 10 - 1)。

油区和水区中的稳定渗流表达为：

$$\frac{\partial^2 P_o}{\partial x^2} + \frac{\partial^2 P_o}{\partial y^2} + \frac{\partial^2 P_o}{\partial z^2} = 0 \tag{10-1}$$

$$\frac{\partial^2 P_w}{\partial x^2} + \frac{\partial^2 P_w}{\partial y^2} + \frac{\partial^2 P_w}{\partial z^2} = 0 \tag{10-2}$$

式中：P_o——油区压力；

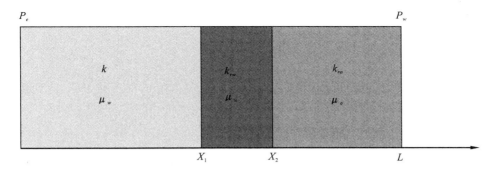

图 10-1 活塞式水驱油示意图

k.储层的绝对渗透率;μ_w、μ_o.水、油的粘度;k_{rw}、k_{ro}.油水两相中水、油的相对渗透率;
x_1.纯水区与油水两相区的界面距起点的距离;x_2.油水两相区与纯油区的
界面距起点的距离;L.储层边界距起点的距离

P_w——水区压力。

在油水界面上:
$$P_o = P_w \quad (10-3)$$

根据达西定律和物质平衡方程,水驱油体系中的流量表达式为:

$$Q = \frac{kA(P_e - P_w)}{\mu_w x_1 + \frac{\mu_w}{k_{rw}}(x_2 - x_1) + \frac{\mu_o}{k_{ro}}(L - x_2)} \quad (10-4)$$

式中:Q——流量;

k——储层的绝对渗透率;

A——储层截面积;

$(P_e - P_w)$——储层压差;

μ_o、μ_w——油、水的黏度;

k_{ro}、k_{rw}——油水两相中油、水的相对渗透率;

x_1、x_2、L——纯水区、油水两相区及储层边界与起点的距离。

五、实验装置及材料

1. 实验装置

实验装置见图 9-2。

2. 实验装置说明

实验装置见实验九。

3. 实验材料

实验材料见实验九。

六、实验内容及步骤

1. 实验前准备工作

(1)测量人工岩芯直径和长度,计算体积;将人工岩芯在60℃下烘24h,达到孔隙中无液体。

(2)测量石蜡油和地层水的黏度。

(3)将岩芯装入夹持器,拧紧后接入实验系统,加围压,恒温箱加温。

(4)平流泵连接油桶,打开平流泵,向岩芯注入石蜡油,待出口流量与入口流量一致时,表示岩芯饱含油,此时关泵;保持恒温8小时以上使油与岩芯的接触关系更为贴合。

(5)平流泵连接水桶,重置秒表、电子天平,准备开始实验。

2. 实验步骤

(1)打开平流泵,以 0.1mL/min 将模拟地层水注入饱含油的岩芯,稳定一段时间,记录该时段内的入口压力、出口压力、流量、温度。

(2)适当加大平流泵流量,继续将水注入岩芯,稳定一段时间,记录该时段内的入口压力、出口压力、流量、温度。

(3)重复(2),直到出口只出水不出油。

(4)关闭平流泵、恒温箱,卸围压,结束实验。

七、实验数据记录和计算结果(表 10-1)

表 10-1 注水开发模拟实验(水驱油)实验数据记录和计算结果

实验名称				注水开发模拟实验(水驱油)								
实验人员												
实验日期												
参数	D (cm)		L (cm)		k ($\times 10^{-3} \mu m^2$)			μ_o (mPa·s)		μ_w (mPa·s)		
实验	稳定时间	T (℃)	$Q_{泵}$ (mL/min)	V_{out} (mL)	Q (m³/s)	v (m/s)	P_e (MPa)	P_w (MPa)	S_w (%)			
饱含油过程												
	稳定时间	T (℃)	$Q_{泵}$ (mL/min)	$V_{out水}$ (mL)	$Q_{水}$ (m³/s)	$V_{out油}$ (mL)	$Q_{油}$ (m³/s)	P_e (MPa)	P_w (MPa)	k_{rw} ($\times 10^{-3} \mu m^2$)	k_{ro} ($\times 10^{-3} \mu m^2$)	S_w (%)	S_o (%)	含水 (%)
水驱油过程														

八、实验结果分析

根据实测数据确定坐标值,绘制压差与流量的交会图(图10-2),分析水驱油过程中流量、压差、含水率的变化规律。

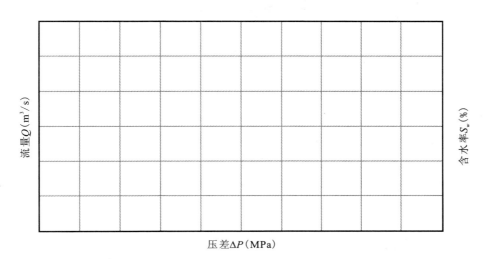

图10-2 水驱油过程中流量、含水率随压差变化曲线

九、注意事项

(1)夹持器、管路、压力表等有一定的工作压力,使用时切不可超过工作压力。特别是使用气体作为驱替动力时,尤其要小心,不可超压使用。

(2)设备在高温下操作使用时,操作人员必须带绝热手套,以免烫伤。

十、分析思考题

(1)水驱油时产液量中的含水率变化有无异常?为什么?

(2)结合井间干扰,多口注采井同时工作时压差与流量会是什么表现?

参考文献

A. E. 薛定谔. 多孔介质中的渗流物理[M]. 王鸿勋,等译. 北京:石油工业出版社,1982.
A. 班恩,B. A. 马克西莫夫. 岩石性质对地下液体渗流的影响[M]. 北京:石油工业出版社,1982.
K. C. 巴斯宁耶夫,A. M. 费拉索夫,И. H. 科钦娜,等. 地下流体力学[M]. 张永一,赵碧华,译. 北京:石油工业出版社,1992.
M. A. 普林特,L. 伯斯威特. 流体力学实验教程[M]. 北京:计量出版社,1986.
R. E. 科林斯. 流体通过多孔介质的流动[M]. 北京:石油工业出版社,1984.
葛家理,宁正福,刘月田,等. 现代油藏渗流力学原理[M]. 北京:石油工业出版社,2003.
何更生,唐海. 油层物理[M]. 北京:石油工业出版社,1994.
姜礼尚,陈钟祥. 试井分析理论基础[M]. 北京:石油工业出版社,1985.
孔祥言. 高等渗流力学[M]. 合肥:中国科学技术大学出版社,1999.
郎兆新. 油气地下渗流力学[M]. 东营:石油大学出版社,2001.
李喜斌,李冬荔,江世媛. 流体力学基础实验[M]. 哈尔滨:哈尔滨工程大学出版社,2016.
刘尉宁. 渗流力学基础[M]. 北京:石油工业出版社,1985.
史宝成,付在国,宋建平,等. 流体力学实验教学指导书[M]. 青岛:中国石油大学出版社,2012.
闻建龙. 流体力学实验[M]. 镇江:江苏大学出版社,2010.
张建国,杜殿发,侯健,等. 油气层渗流力学(第二版)[M]. 北京:石油大学出版社,2009.
朱仁庆. 实验流体力学[M]. 北京:国防工业出版社,2005.